哈哈哈！有趣的动物（第二辑）

猪

〔法〕蒂埃里·德迪厄 著

大南南 译

湖南教育出版社

·长沙·

"如果我们想观察猪，
不能怕脏……"
——永田达爷爷

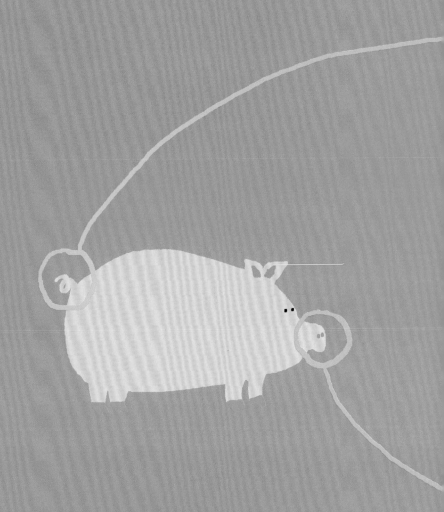

猪有一条卷卷的尾巴
和一个扁平的鼻子。

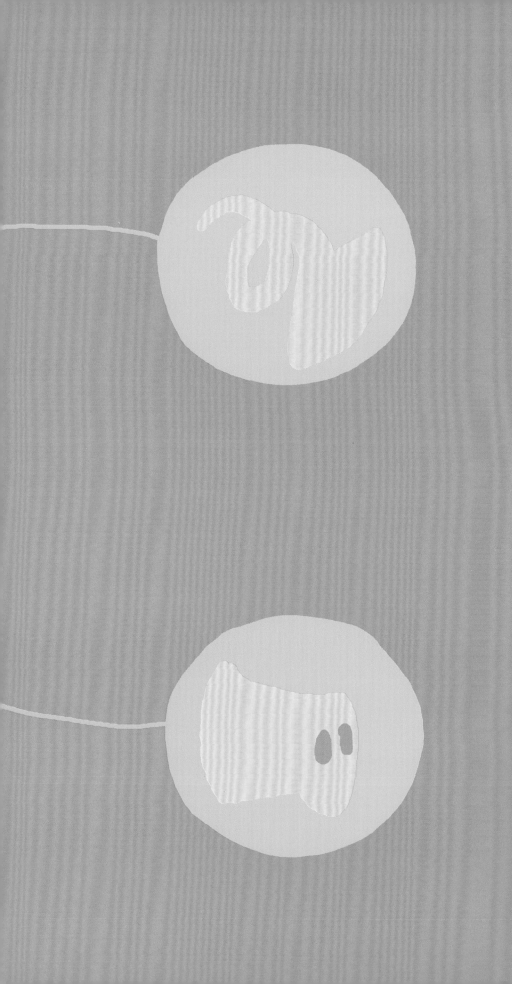

夏天，猪喜欢在泥水里"游泳"。

猪很多东西都吃，是杂食动物。

猪的嗅觉非常灵敏，
它能找到藏在地下几十厘米的松露！

猪妈妈正在给猪宝宝喂奶。

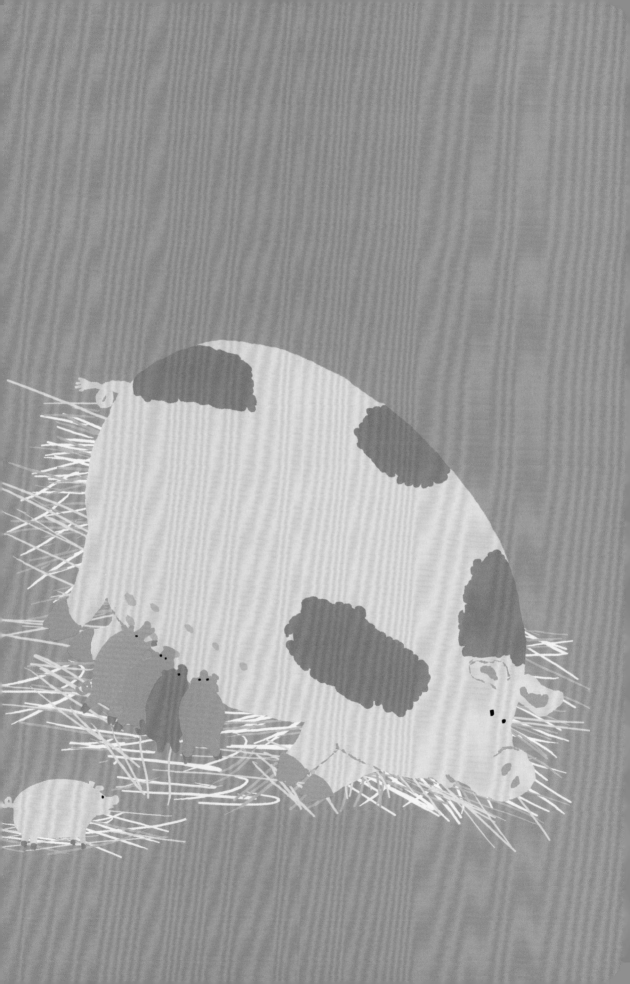

家猪的近亲是非洲野猪。

猪浑身是宝，
尤其是猪腿，很美味。

猪毛可以用来做毛刷，
猪皮可以用来做书包。

猪皮还能用来治疗烧伤的人。

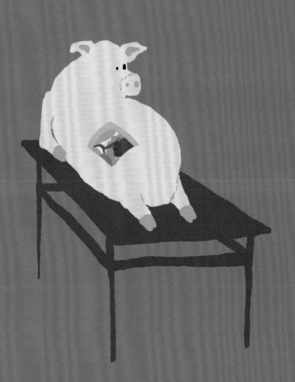

猪的叫声很刺耳。

亨嘻嘻

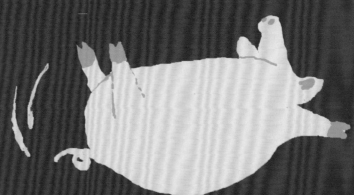

"嘿！回来，
这是纪念品！！！"

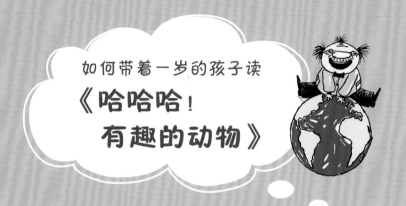

如何带着一岁的孩子读
《哈哈哈！
有趣的动物》

一岁的孩子就能读科普书？

没错，因为这是永田达爷爷特别为低龄小朋友准备的启蒙科普书。家长们会发现，这本书的文字量很少，画面传递的信息非常精简，但是非常有趣，特别适合爸爸妈妈跟孩子进行亲子阅读。

赶紧和孩子一起打开这本《猪》，跟着永田达爷爷一起来观察猪吧！

和孩子翻开这本书之前，可以找来猪的叫声录音让孩子听一听，请他猜猜这是什么动物。然后带孩子看一看猪的样子，请他用自己的语言描述猪的一到两个外貌特征。让孩子看着图片说一说猪和非洲野猪长得有什么不一样。合上书，可以问问孩子，猪喜欢吃什么？喜欢玩什么？我们常常说狗鼻子很灵，其实猪鼻子也很灵，它们特别擅长找一种非常珍贵的蘑菇，问问孩子还记得它的名字吗。猪浑身都是宝，请孩子回忆一下，猪毛、猪皮、猪肉都有什么作用？

图书在版编目（CIP）数据

哈哈哈！有趣的动物. 第二辑. 猪 / （法）蒂埃里·德迪厄著；大南
南译. —长沙：湖南教育出版社，2022.11
　　ISBN 978-7-5539-9285-3

Ⅰ.①哈… Ⅱ.①蒂… ②大… Ⅲ.①猪－儿童读物 Ⅳ.①Q95-49

中国版本图书馆CIP数据核字（2022）第190690号

First published in France under the title:
Le Cochon
Tatsu Nagata
© Éditions du Seuil, 2007
著作权合同登记号：18-2022-214

HAHAHA! YOUQU DE DONGWU DI-ER JI ZHU
哈哈哈！有趣的动物　第二辑　猪

责任编辑：姚晶晶　陈慧娜　李静茹
责任校对：王怀玉
封面设计：熊　婷
出版发行：湖南教育出版社（长沙市韶山北路443号）
电子邮箱：hnjycbs@sina.com
客服电话：0731-85486979
经　　销：湖南省新华书店
印　　刷：长沙新湘诚印刷有限公司
开　　本：787 mm × 1092 mm　1/16
印　　张：1.75
字　　数：10千字
版　　次：2022年11月第1版
印　　次：2022年11月第1次印刷
书　　号：ISBN978-7-5539-9285-3
定　　价：152.00 元（全8册）